*A mi hermano Gonzalo, que me enseñó que cualquier bicho
puede asombrarte si le dedicas cierta atención.*

Berta Páramo

NOTA DE LA AUTORA:

LOS PERSONAJES Y HECHOS RETRATADOS EN ESTE LIBRO SON FICTICIOS.
CUALQUIER PARECIDO CON LA REALIDAD ES PURA COINCIDENCIA, MAMÁ.

ESO SÍ, TODOS LOS BICHOS SON REALES.

AGRADECIMIENTO ESPECIAL A SIR ARCHIBALD WITHERSTON III (ARCHIE)
POR LA INSPIRACIÓN PARA DAR VIDA AL BICHO FELINO; Y A JORGE
Y LOS GORFÚNQUICOS POR SU INESTIMABLE APOYO.

Bichos

La jungla en casa

La jungla en casa

EN UN HOGAR CUALQUIERA, DE UNA FAMILIA CUALQUIERA, EN UN LUGAR CUALQUIERA... ¡DIGAMOS QUE ES EL TUYO! HAY MÁS HABITANTES DE LOS QUE PARECE, Y NO TODOS ESTÁN EMPADRONADOS.

NO NECESITAS VIAJAR A UNA SELVA REMOTA PARA CONTEMPLAR UNA BIODIVERSIDAD ASOMBROSA. NI SIQUIERA TIENES QUE IR MUY LEJOS. POR MUY LIMPIA QUE ESTÉ TU CASA, EN ELLA HABITAN CRIATURAS DE TODO TIPO, LLAMÉMOSLAS *BICHOS.*

A ALGUNOS, LA MAYORÍA, NO LOS VERÁS, SON DEMASIADO PEQUEÑOS PARA NUESTROS OJOS. OTROS SERÁN COMO FANTASMAS: CREERÁS HABERLOS VISTO ANTES DE SU RÁPIDA HUIDA A SU ESCONDRIJO. Y LOS HAY QUE, POR MUCHO QUE TE EMPEÑES, NO CONSEGUIRÁN EL TÍTULO DE MASCOTA.

CONOZCAMOS A UNOS CUANTOS DE ESTOS BICHOS...

BICHO 1

BICHO 2

BICHO 3

BICHO 4

BICHO 5

BICHO 6

BICHO 7

BICHO 8

BICHO 9

OTROS BICHOS...

Un brillo fugaz

LOS PRIMEROS RAYOS DE SOL SE CUELAN POR TU VENTANA.
SOLO EL CANTO DE PÁJAROS LEJANOS INTERRUMPE EL SILENCIO
DE TU HABITACIÓN. ¿YA ES DE DÍA? NO HA SONADO EL DESPERTADOR.

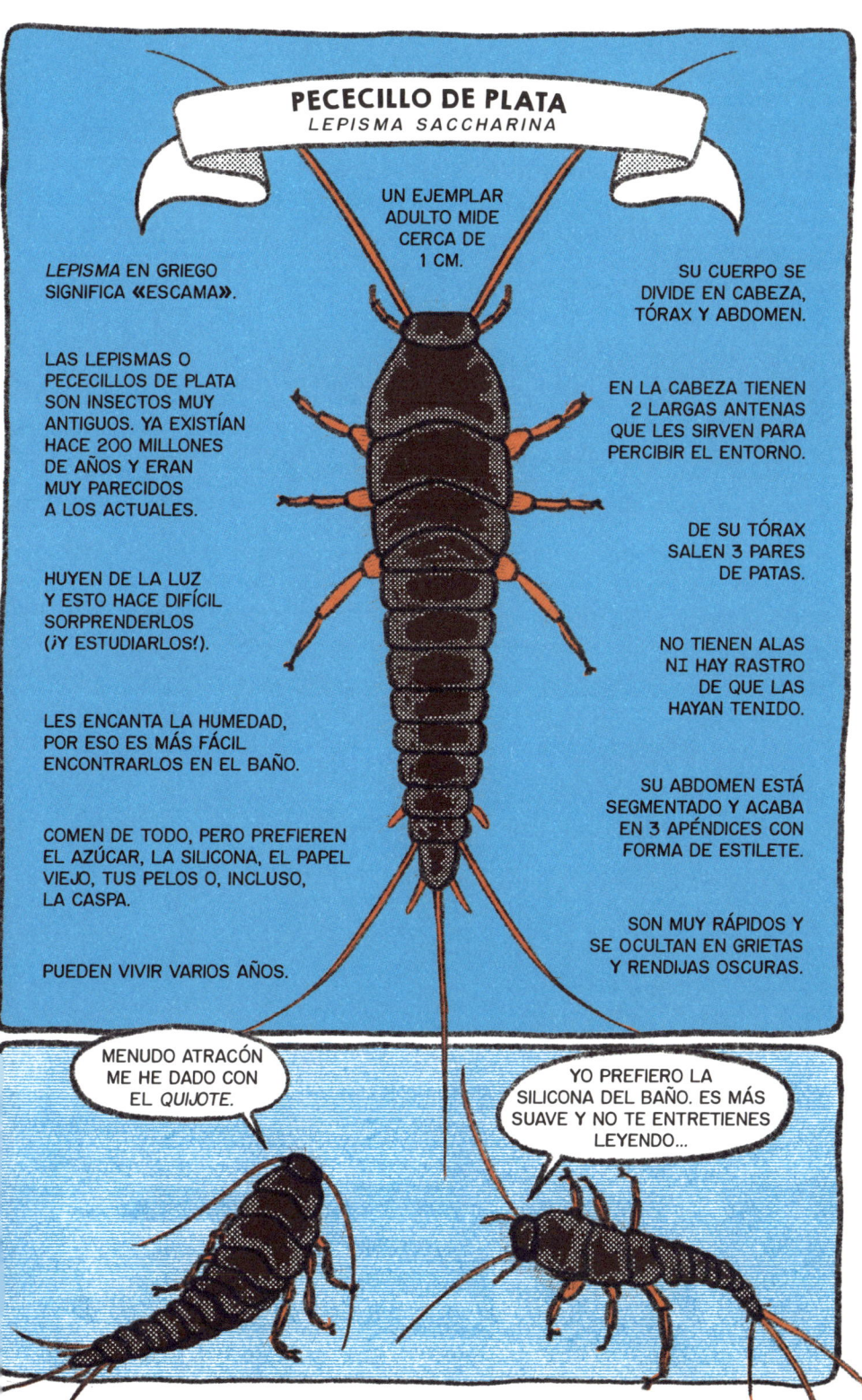

Un estornudo inoportuno

EN ESTA CASA SE REPARTEN LAS TAREAS Y HOY ES DÍA DE LIMPIEZA.
PARECE MENTIRA LA CANTIDAD DE POLVO QUE SE ACUMULA. EL PLUMERO
ES, SIN DUDA, TU MEJOR OPCIÓN.

LA ALERGIA A LOS ÁCAROS DEL POLVO ES, EN REALIDAD, UNA REACCIÓN A SUS EXCREMENTOS, QUE CIRCULAN POR EL AIRE JUNTO A OTRAS PARTÍCULAS. AL SER INHALADOS CUANDO RESPIRAMOS, PUEDEN PROVOCAR ESTORNUDOS, MOCOS, TOS...

CACA DE ÁCARO
0,01-0,04 MM

UN ÁCARO HACE UNAS 20 CAQUITAS AL DÍA.

ÁCARO DEL POLVO

DERMATOPHAGOIDES PTERONYSSINUS

ESTOS PEQUEÑOS ANIMALES NO SON VISIBLES PARA EL OJO HUMANO. MIDEN DE 0,2 A 0,5 MM.

LOS ÁCAROS SON ARÁCNIDOS, COMO LAS ARAÑAS.

NO TIENEN OJOS NI ANTENAS.

TIENEN 8 PATAS, CADA UNA CON UNA VENTOSA Y UNOS GANCHOS QUE LE FACILITAN MOVERSE POR TELAS, ALFOMBRAS O PELUCHES.

SU CUERPO ESTÁ CUBIERTO DE UNOS PELOS LLAMADOS *SETAS*. SON SUS ÓRGANOS SENSORIALES Y DETECTAN LA TEMPERATURA, LA HUMEDAD, EL MOVIMIENTO...

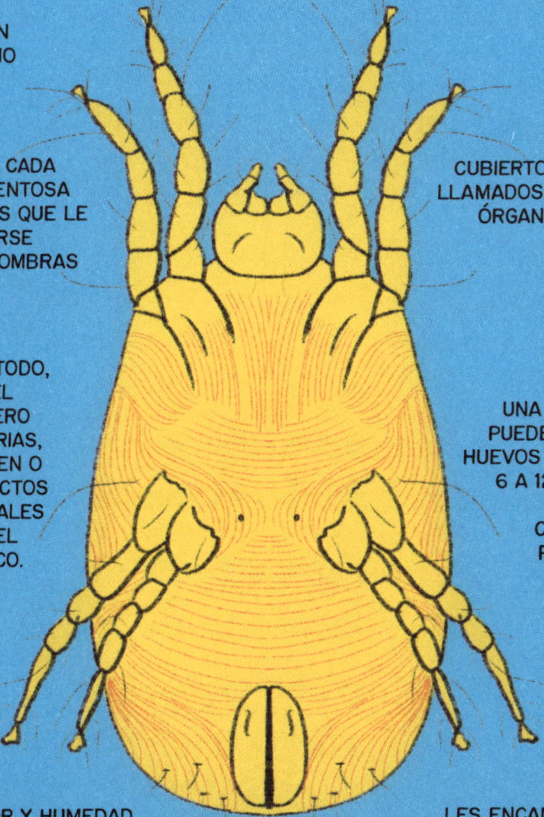

COMEN, SOBRE TODO, ESCAMAS DE PIEL DESECHADAS, PERO TAMBIÉN BACTERIAS, GRANOS DE POLEN O RESTOS DE INSECTOS Y FIBRAS VEGETALES PRESENTES EN EL POLVO DOMÉSTICO.

UNA HEMBRA ADULTA PUEDE PONER DE 1 A 3 HUEVOS AL DÍA. EN UNOS 6 A 12 DÍAS NACE UNA LARVA NINFAL, CON 6 PATAS, QUE PRIMERO COMERÁ Y LUEGO PASARÁ POR 2 ETAPAS NINFALES MÁS ANTES DE EMERGER COMO ADULTO, YA CON 8 PATAS.

EN TAN SOLO 1 G DE POLVO PUEDEN VIVIR CERCA DE 200 INDIVIDUOS.

NECESITAN CALOR Y HUMEDAD PARA VIVIR. UNA COLONIA DE ÁCAROS CRECE FELIZ A 25 °C Y 75 % DE HUMEDAD RELATIVA.

LES ENCANTAN LOS SOFÁS, LAS ALFOMBRAS, LOS PELUCHES Y, EN ESPECIAL, LOS COLCHONES, LA ROPA DE CAMA Y LAS ALMOHADAS.

¡EHHH! PODRÍAS LIMPIAR TU CACA.

NOOO, ¡PUEDE QUE LUEGO TENGA HAMBRE!

LOS ÁCAROS TIENEN UN SISTEMA DIGESTIVO POCO EFICIENTE. SUS EXCREMENTOS CONTIENEN RESTOS DE COMIDA. PUEDEN COMER SU PROPIA CACA HASTA 3 VECES.

Una batalla campal

HOY TE TOCA PONER LA MESA. LA CUCHARA Y EL CUCHILLO A LA
DERECHA Y EL TENEDOR A LA IZQUIERDA, UN VASO Y UNA SERVILLETA.
¡A COMERRRRRRRR!

¡PUM!

¡PUM!

PERCIBIMOS EL TIEMPO SEGÚN LA VELOCIDAD A LA QUE NUESTRO CEREBRO PROCESA LA INFORMACIÓN QUE RECIBE DE LOS SENTIDOS.

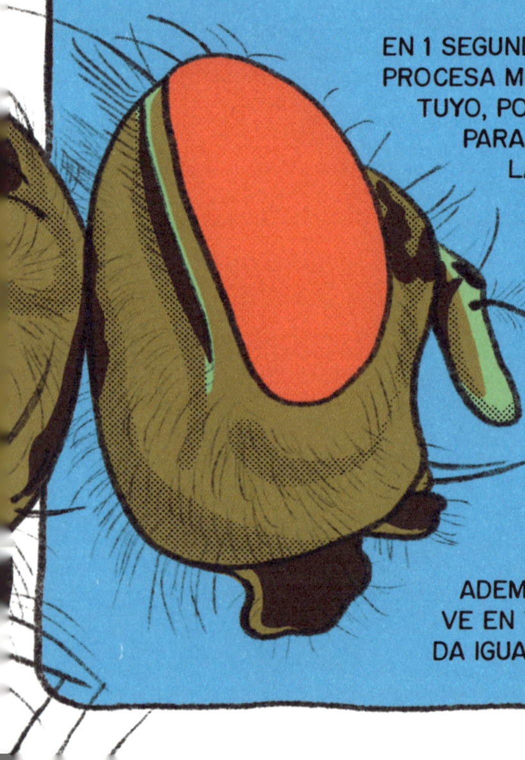

EN 1 SEGUNDO, EL CEREBRO DE UNA MOSCA PROCESA MUCHA MÁS INFORMACIÓN QUE EL TUYO, POR ESO ES TAN DIFÍCIL CAZARLA. PARA ELLA, EL PROYECTIL QUE HA LANZADO TU HERMANITA VA A CÁMARA LENTA Y LO ESQUIVA FÁCILMENTE. EN CAMBIO, TÚ TE ALEGRAS DE HABERTE PUESTO LAS GAFAS DE NATACIÓN.

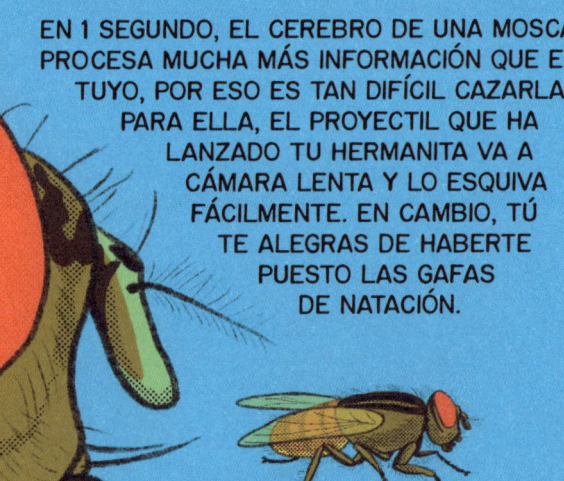

ADEMÁS, CON SUS OJOS COMPUESTOS VE EN TODAS LAS DIRECCIONES, DA IGUAL DE DÓNDE VENGA EL ATAQUE.

MOSCA DOMÉSTICA
MUSCA DOMESTICA

NO MUERDEN NI PICAN.

TIENEN 2 ANTENAS CON LAS QUE HUELEN Y TOCAN.

MIDEN 6-7 MM. SU CUERPO SE DIVIDE EN CABEZA, TÓRAX Y ABDOMEN.

TIENEN 2 OJOS COMPUESTOS Y 3 SIMPLES.

SU DIETA ES LÍQUIDA Y COMEN A TRAVÉS DE UNA TROMPA RETRÁCTIL CON LA QUE SUCCIONAN. ABLANDAN LOS ALIMENTOS SÓLIDOS CON SALIVA PARA PODER TOMARLOS.

SUFREN UNA METAMORFOSIS DESDE LA FASE DE HUEVO, PASANDO POR LARVA Y PUPA, HASTA LLEGAR A ADULTO.

SIENTEN CON LOS PELITOS QUE RODEAN SU CUERPO. ASÍ, CUANDO PASEAN POR UNA GOTA DE MERMELADA, LA ESTÁN SABOREANDO.

TIENEN QUERENCIA POR LOS EXCREMENTOS Y LA MATERIA EN DESCOMPOSICIÓN. PUEDEN LLEVAR ESAS EXQUISITECES ALLÁ DONDE SE POSEN.

BATEN LAS ALAS UNAS 200 VECES POR SEGUNDO. LA ALTERACIÓN DEL AIRE QUE PROVOCA ESTE MOVIMIENTO LA PERCIBIMOS COMO UN ZUMBIDO.

CUANDO SE FROTAN LAS PATITAS SE ESTÁN LIMPIANDO.

SON DÍPTEROS: TIENEN 2 ALAS. Y OTRO PAR QUE ESTÁN ATROFIADAS, AUNQUE LAS UTILIZAN COMO BALANCINES PARA ESTABILIZAR EL VUELO.

SUELEN VIVIR UNOS 30 DÍAS, AUNQUE A VECES LLEGAN A LOS 60. ESO SÍ, SIN COMIDA NO AGUANTAN MÁS DE 2 O 3.

ESTE SUELO ESTÁ LIMPÍSIMO, ¡PUAJ!

2 GARRAS Y 2 ALMOHADILLAS ADHESIVAS PERMITEN A LA MOSCA SUBIR POR LAS PAREDES O CAMINAR POR EL TECHO.

Una gran ovación

ÑIIIIIIIIIIIII... LA PUERTA DE TU ARMARIO SE ABRE SOLA. LA ÚNICA EXPLICACIÓN POSIBLE ES QUE NO LA HAYAS CERRADO BIEN, PUES SABES PERFECTAMENTE QUE NINGÚN MONSTRUO VIVE DENTRO... ¿O SÍ?

POLILLA DE LA ROPA
TINEOLA BISSELLIELLA

SON DE COLOR DORADO, CON UN MECHÓN MÁS ROJIZO EN LA CABEZA.

SON INSECTOS DE LA FAMILIA DE LAS MARIPOSAS, PERO MÁS PEQUEÑAS. EL CUERPO DE UN ADULTO MIDE UNOS 6-7 MM DE LARGO.

SU COMIDA PREFERIDA SON LAS FIBRAS DE ORIGEN ANIMAL, COMO LA LANA, LA PIEL, LA SEDA... PERO SI TIENEN HAMBRE NO HACEN ASCOS NI AL ALGODÓN NI AL LINO.

UNA MADRE POLILLA PONE DECENAS DE HUEVOS.

LOS ADULTOS VIVEN ENTRE 1 Y 2 SEMANAS ÚNICAMENTE, PARA APAREARSE Y PONER HUEVOS. NO COMEN, Y MUEREN DE AGOTAMIENTO.

A LOS POCOS DÍAS NACEN UNAS LARVAS DIMINUTAS Y BLANQUECINAS.

INMEDIATAMENTE, EMPIEZAN A COMER.

LAS ORUGAS DE POLILLA SE CONSTRUYEN UN REFUGIO QUE CUBREN CON FILAMENTOS DE LA TELA DONDE SE ENCUENTRAN.

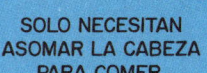

SOLO NECESITAN ASOMAR LA CABEZA PARA COMER.

CUANDO HAN CRECIDO LO SUFICIENTE, HACEN UN CAPULLO DEL QUE SALDRÁN COMO POLILLAS ADULTAS ENTRE 10 Y 30 DÍAS MÁS TARDE.

¡CUIDADO! ESO ESTÁ SUCIO.

¡PERO SI ES LO MEJOR! ES DONDE MÁS PROTEÍNAS HAY.

Una fiesta con ritmo

YA SE ACERCA EL DÍA. TU HERMANITA CUMPLE SU PRIMER AÑO.
TE HA TOCADO IR AL TRASTERO A POR LOS ADORNOS PARA LA FIESTA.
HUELE A HUMEDAD Y HAY UN MONTÓN DE CACHIVACHES.

TODA LA CASA ESTÁ DECORADA.

TU HERMANITA AÚN NO SABE QUE HAY QUE SOPLAR LA VELA ANTES DE COMERSE LA TARTA.

FIUUUUUU

PERO PARECE QUE SÍ SABE BAILAR Y DIVERTIRSE.

AUNQUE TODAVÍA NO MANTIENE MUY BIEN EL EQUILIBRIO.

UNA CABEZA PEQUEÑA Y UN TRONCO MUY LARGO FORMADO POR SEGMENTOS Y LLENO DE PATITAS CARACTERIZA A LOS MIRIÁPODOS.

SI DE CADA SEGMENTO SALEN 4 PATITAS, ES UN MILPIÉS, BICHO INOFENSIVO QUE COME MATERIA VEGETAL.

SI DE CADA SEGMENTO SALEN 2 PATAS ES UN CIEMPIÉS. ¡CUIDADO, TIENEN COLMILLOS VENENOSOS Y PICAN!

CIEMPIÉS
SCUTIGERA COLEOPTRATA

HAY MUCHAS ESPECIES DE CIEMPIÉS, PERO ESTE PATILARGO ES EL MÁS COMÚN EN NUESTRAS CASAS.

LOS CIEMPIÉS SON MIRIÁPODOS, UNA CLASE DE ARTRÓPODOS (COMO LOS INSECTOS, LOS ARÁCNIDOS...).

SON BICHOS NOCTURNOS, ABORRECEN LA LUZ SOLAR. DURANTE EL DÍA, LO NORMAL ES QUE ESTÉN ESCONDIDOS.

LES GUSTA LA HUMEDAD, POR ESO ES MÁS FÁCIL ENCONTRARLOS EN EL SÓTANO O EN EL BAÑO.

SON CARNÍVOROS Y SE ALIMENTAN DE INSECTOS Y ARAÑAS. SON UN INSECTICIDA NATURAL: AUNQUE PUEDA DAR UN POCO DE REPELÚS VERLOS EN CASA, NOS LIBRAN DE OTROS BICHOS MOLESTOS.

MIDEN DE 1 A 5 CM.

LA CABEZA PRESENTA 2 LARGAS ANTENAS Y 2 OJOS COMPUESTOS.

EL CUERPO ESTÁ FORMADO POR 15 SEGMENTOS, AUNQUE EN ESTA ESPECIE SOLO SE DISTINGUEN 7 PLACAS O TERGUITOS. DE CADA SEGMENTO SALEN UN PAR DE LARGAS PATAS. NO TIENEN 100, COMO DICE SU NOMBRE, SOLO 30.

LA LONGITUD DE LAS PATAS AUMENTA CUANTO MÁS LEJOS ESTÁN DE LA CABEZA. LAS DOS ÚLTIMAS SON MUY LARGAS, CASI COMO SUS ANTENAS, Y A VECES ES DIFÍCIL DISTINGUIR DÓNDE ESTÁ LA CABEZA. A ESTO SE LE LLAMA *AUTOMIMETISMO*.

PONEN LOS HUEVOS EN PRIMAVERA. LAS LARVAS TIENEN SOLO CUATRO PARES DE PATAS. PARA CRECER, MUDAN. EN LA PRIMERA MUDA, ADQUIEREN UN NUEVO PAR DE PATAS, Y DOS PARES MÁS CON CADA UNA DE LAS CINCO MUDAS POSTERIORES.

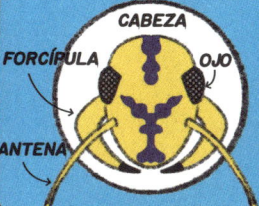

CABEZA
FORCÍPULA · OJO
ANTENA

CAZAN PICANDO E INOCULANDO VENENO CON LOS COLMILLOS QUE TIENEN EN LAS FORCÍPULAS (UNAS PINZAS QUE SALEN DE SU CABEZA).

QUIZÁ NO SEA SUFICIENTE PARA IR A LAS OLIMPIADAS, PERO... PUEDEN RECORRER 40 CM EN UN SEGUNDO.

PREPARADOS, LISTOS...¡YA!

Una explosión líquida

SON LAS FIESTAS DEL COLEGIO. FORMAMOS DOS EQUIPOS, Y UNA DE LAS PRUEBAS DE LA COMPETICIÓN ES LA GUERRA DE GLOBOS DE AGUA. TIENES LA GRAN IDEA DE ENTRENAR EN CASA.

¡SPLASSS!

LAS HEMBRAS DE LAS CHINCHES, AL IGUAL QUE LOS GLOBOS, SE INFLAN. PUEDEN INGERIR TANTA CANTIDAD DE SANGRE COMO EL DOBLE DE SU PESO CORPORAL. EL MACHO, MENOS VORAZ, SOLO PUEDE ENGULLIR EL EQUIVALENTE A SU PROPIO PESO.

SE ALIMENTAN UNA VEZ A LA SEMANA, PERO PUEDEN ESTAR 10 MINUTOS SEGUIDOS BEBIENDO SANGRE, HASTA SACIARSE. POR SUERTE, PARAN ANTES DE EXPLOTAR.

SABEMOS QUE UNA PICADURA ES DE CHINCHE PORQUE A LA VEZ QUE COME, ESTE INSECTO DEFECA Y DEJA MANCHITAS DE COLOR OSCURO (RESTOS DE SANGRE COAGULADA) EN LAS SÁBANAS.

CHINCHE DE LA CAMA
CIMEX LECTULARIUS

HAY 40 000 ESPECIES DE CHINCHES. LA MAYOR PARTE TIENEN ALAS Y LAS USAN, PERO LA CHINCHE COMÚN O CHINCHE DE LA CAMA LAS TIENE ATROFIADAS. NO VUELAN NI TAMPOCO BRINCAN, AUNQUE CORREN MUCHO.

SU CUERPO ES DE COLOR MARRÓN ROJIZO, APLANADO Y OVALADO. TIENEN 6 PATAS, COMO TODOS LOS INSECTOS.

SE APRECIAN A SIMPLE VISTA. SON DEL TAMAÑO DE UNA SEMILLA DE MANZANA (ENTRE 4 Y 5 MM).

SON HEMATÓFAGOS: SE ALIMENTAN DE SANGRE HUMANA Y DE OTROS ANIMALES.

SE ACTIVAN MÁS DE NOCHE, CUANDO SALEN DE SU ESCONDITE EN EL COLCHÓN O EN ALGUNA RENDIJA PARA BUSCAR COMIDA.

LES ATRAE EL CALOR Y EL CO_2 QUE DESPRENDEMOS. ATRAVIESAN LA PIEL DE SUS VÍCTIMAS CON SU APARATO BUCAL, QUE ES LARGO Y FINO. CON ÉL SE ALIMENTAN.

SE REPRODUCEN POR HUEVOS, QUE LAS HEMBRAS DEPOSITAN EN GRIETAS Y RENDIJAS.

LOS RECIÉN NACIDOS SON IGUALES QUE LOS ADULTOS, PERO MÁS PEQUEÑOS Y PÁLIDOS.

PARA CRECER, MUDAN 5 VECES, Y TIENEN QUE COMER ENTRE UNA Y OTRA MUDA.

SUS PICADURAS SON MUY MOLESTAS, PERO NO TRANSMITEN ENFERMEDADES.

UN ADULTO PUEDE VIVIR MÁS DE UN AÑO SIN COMER.

AL INGERIR SOLO SANGRE, NO TIENEN TODAS LAS VITAMINAS QUE NECESITAN PARA CRECER, PERO POSEEN 2 ÓRGANOS DONDE VIVEN LOS ESQUIZOMICETOS, UNAS BACTERIAS QUE PRODUCEN ESAS VITAMINAS.

¡UF, QUÉ PESTE!

PUES YO NO HE SIDO.

LAS CHINCHES HUELEN MAL. TIENEN UNAS GLÁNDULAS PRODUCTORAS DE SUSTANCIAS FÉTIDAS. PERO LO QUE A ELLAS LES PARECE APESTOSO NO ES EL OLOR DE UN CONGÉNERE, SINO EL OLOR A MENTA, A CLAVO DE OLOR Y A CÚRCUMA.

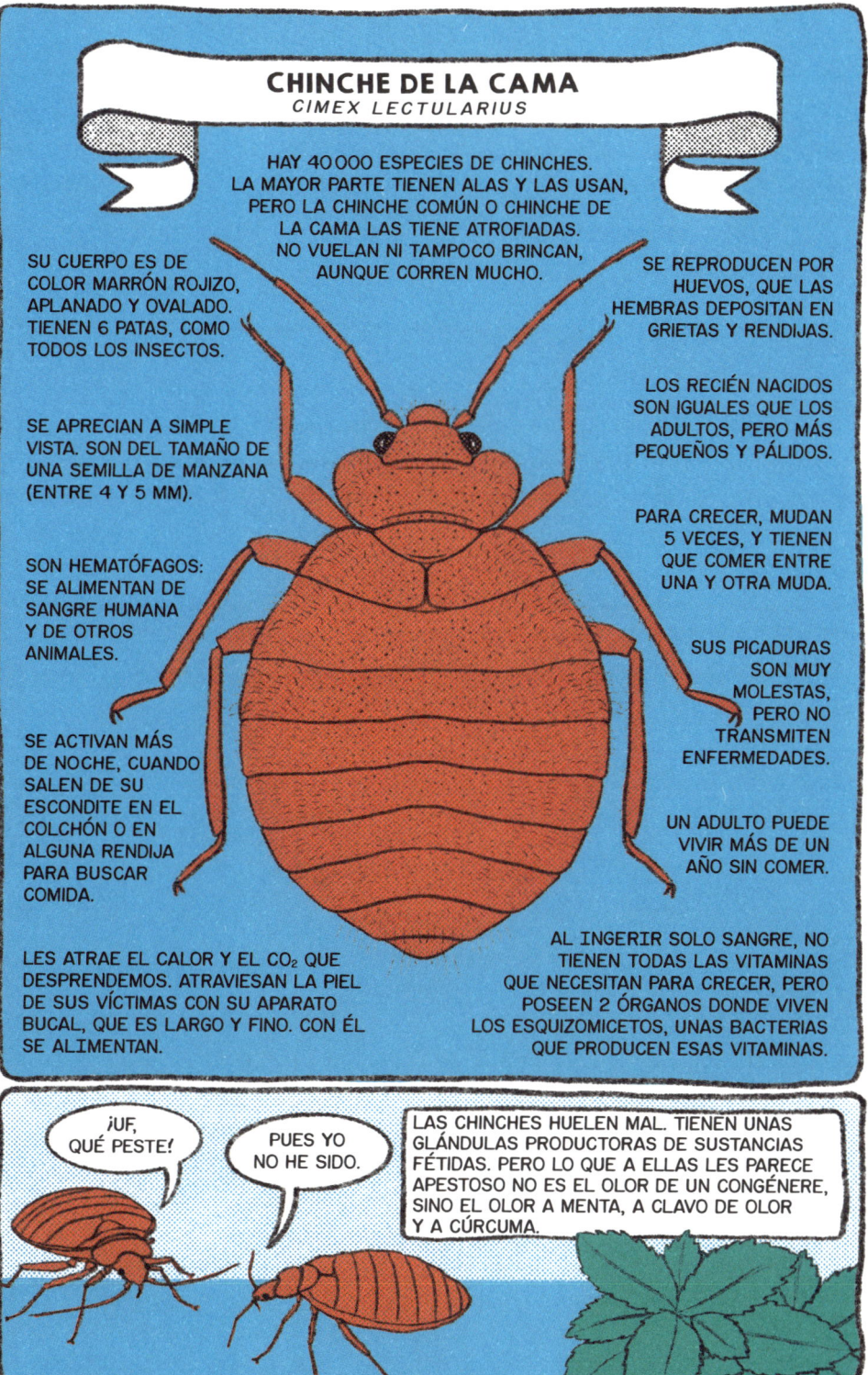

Un menú especial

UN CHUP-CHUP Y UN RICO AROMA ANUNCIAN QUE LA CENA ESTÁ LISTA. ALGUNOS COMENSALES ESPERARÁN A QUE CAIGA LA NOCHE PARA SU APARICIÓN ESTELAR TRAS LOS RESTOS DEL FESTÍN.

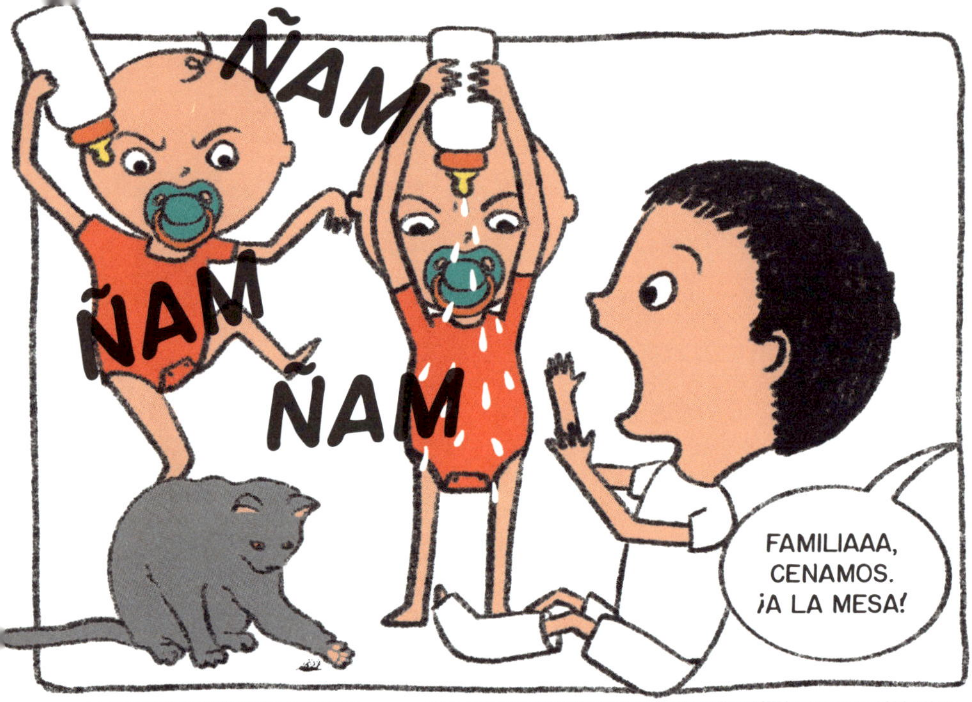

ÑAM
ÑAM
ÑAM

FAMILIAAA, CENAMOS. ¡A LA MESA!

COMO TODOS LOS INSECTOS, LAS CUCARACHAS NO TIENEN HUESOS. SU SISTEMA ESQUELÉTICO ES EXTERNO, COMO UNA PIEL ENDURECIDA QUE LAS PROTEGE. ES SU EXOESQUELETO.

IGUAL QUE TODOS LOS ARTRÓPODOS, LAS CUCARACHAS TIENEN MUDAS. DE JÓVENES MUDAN PARA PODER CRECER, DEJANDO ATRÁS EL EXOESQUELETO ANTIGUO. ESTE PROCESO ES DELICADO. A VECES, ALGUNA PARTE DEL CUERPO NO SE DESLIZA BIEN.

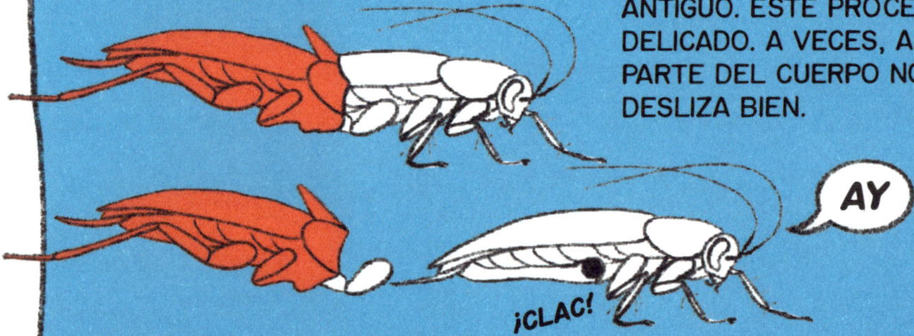

AY

¡CLAC!

SI ESTO OCURRE, ES POSIBLE QUE OTRA CUCARACHA DECIDA COMÉRSELA, EXTERMINANDO UN CONGÉNERE DÉBIL, CON MENOS POSIBILIDADES DE SOBREVIVIR. TAMPOCO HACEN ASCOS AL CANIBALISMO SI ESCASEA LA COMIDA.

ÑAM

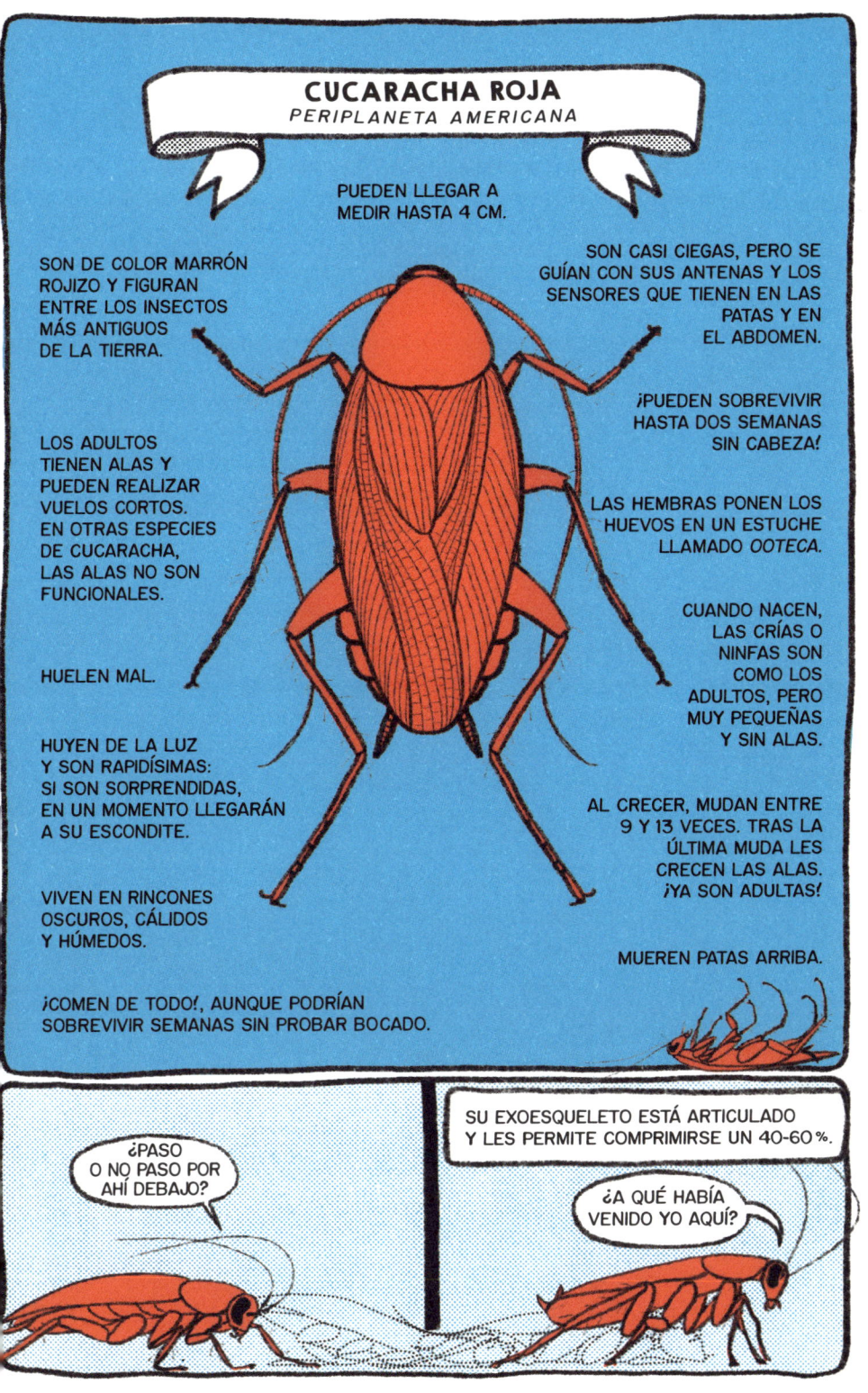

CUCARACHA ROJA
PERIPLANETA AMERICANA

PUEDEN LLEGAR A MEDIR HASTA 4 CM.

SON DE COLOR MARRÓN ROJIZO Y FIGURAN ENTRE LOS INSECTOS MÁS ANTIGUOS DE LA TIERRA.

SON CASI CIEGAS, PERO SE GUÍAN CON SUS ANTENAS Y LOS SENSORES QUE TIENEN EN LAS PATAS Y EN EL ABDOMEN.

¡PUEDEN SOBREVIVIR HASTA DOS SEMANAS SIN CABEZA!

LOS ADULTOS TIENEN ALAS Y PUEDEN REALIZAR VUELOS CORTOS. EN OTRAS ESPECIES DE CUCARACHA, LAS ALAS NO SON FUNCIONALES.

LAS HEMBRAS PONEN LOS HUEVOS EN UN ESTUCHE LLAMADO *OOTECA*.

CUANDO NACEN, LAS CRÍAS O NINFAS SON COMO LOS ADULTOS, PERO MUY PEQUEÑAS Y SIN ALAS.

HUELEN MAL.

HUYEN DE LA LUZ Y SON RAPIDÍSIMAS: SI SON SORPRENDIDAS, EN UN MOMENTO LLEGARÁN A SU ESCONDITE.

AL CRECER, MUDAN ENTRE 9 Y 13 VECES. TRAS LA ÚLTIMA MUDA LES CRECEN LAS ALAS. ¡YA SON ADULTAS!

VIVEN EN RINCONES OSCUROS, CÁLIDOS Y HÚMEDOS.

MUEREN PATAS ARRIBA.

¡COMEN DE TODO!, AUNQUE PODRÍAN SOBREVIVIR SEMANAS SIN PROBAR BOCADO.

¿PASO O NO PASO POR AHÍ DEBAJO?

SU EXOESQUELETO ESTÁ ARTICULADO Y LES PERMITE COMPRIMIRSE UN 40-60 %.

¿A QUÉ HABÍA VENIDO YO AQUÍ?

Una momia inesperada

LLEGA UNA DE TUS FIESTAS PREFERIDAS. PUEDES SER QUIEN QUIERAS...
Y, DESPUÉS DE LA CENA, CONTARÁS UN RELATO DE TERROR. TIENES
QUE INGENIÁRTELAS PARA CREAR EL ESCENARIO ADECUADO.

CHIQUI,
CHIQUI,
CHIQUI,
CHAC.

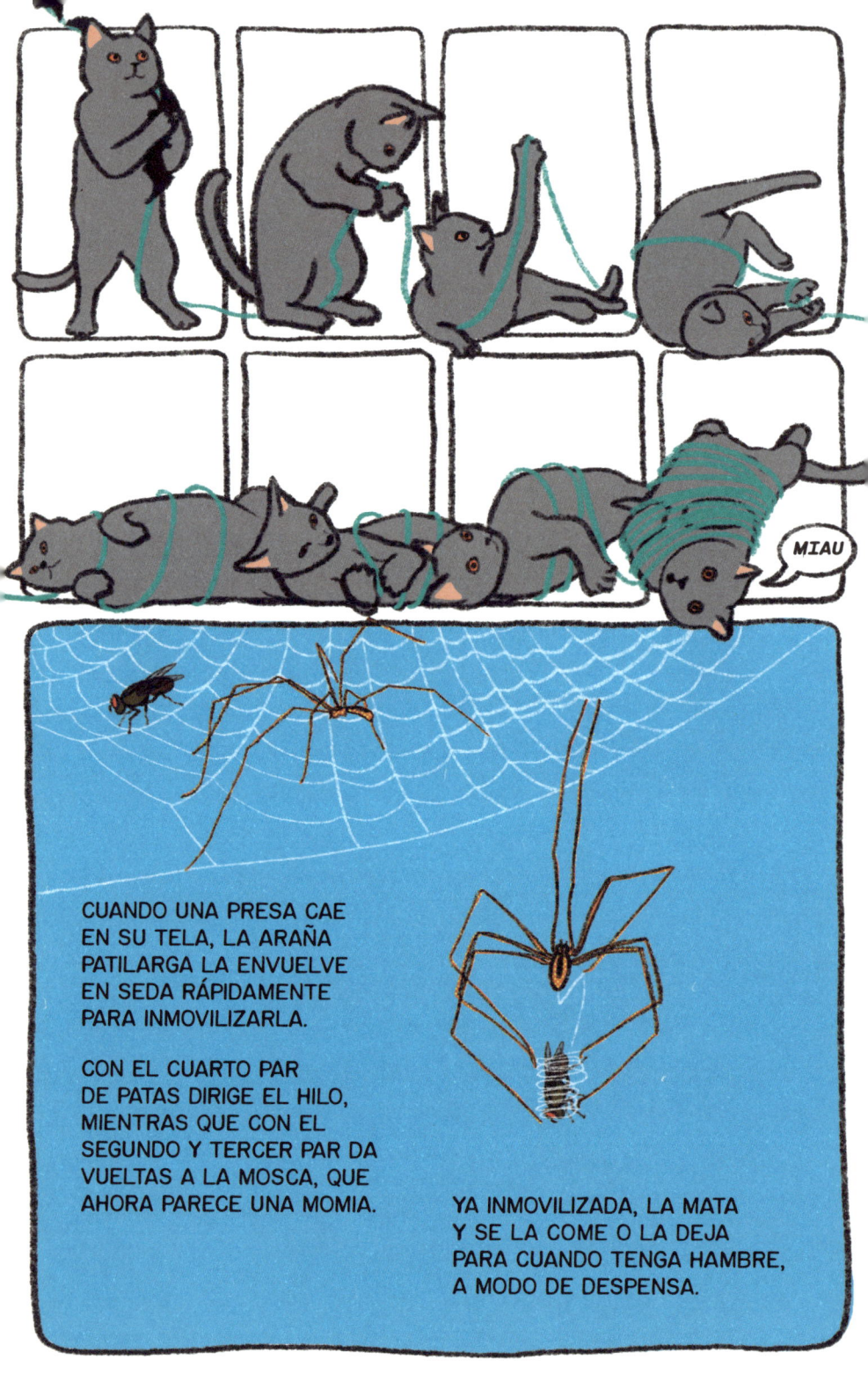

MIAU

CUANDO UNA PRESA CAE
EN SU TELA, LA ARAÑA
PATILARGA LA ENVUELVE
EN SEDA RÁPIDAMENTE
PARA INMOVILIZARLA.

CON EL CUARTO PAR
DE PATAS DIRIGE EL HILO,
MIENTRAS QUE CON EL
SEGUNDO Y TERCER PAR DA
VUELTAS A LA MOSCA, QUE
AHORA PARECE UNA MOMIA.

YA INMOVILIZADA, LA MATA
Y SE LA COME O LA DEJA
PARA CUANDO TENGA HAMBRE,
A MODO DE DESPENSA.

ARAÑA PATILARGA
PHOLCUS PHALANGIOIDES

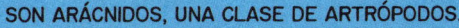

SON ARÁCNIDOS, UNA CLASE DE ARTRÓPODOS.

NO TIENEN ANTENAS, NI ALAS NI MANDÍBULAS.

SUS PATAS SON 5 O 6 VECES MÁS LARGAS QUE LA LONGITUD DE SU CUERPO, QUE RONDA EL CM DE LARGO.

TIENEN CABEZA Y TÓRAX FUSIONADO, DE DONDE SALEN 4 PARES DE LARGAS PATAS Y UN ABDOMEN.

LAS VERÁS EN LOS TECHOS.

PATAS — 4
3
2
1

PEDIPALPOS   OJOS
QUELÍCEROS

EN LA CABEZA TIENEN:

- 8 OJOS: UN PAR EN EL CENTRO Y DOS GRUPOS DE 3 A LOS LADOS.

- 2 APÉNDICES LLAMADOS *PEDIPALPOS* QUE TIENEN FUNCIONES LOCOMOTORAS Y SENSORIALES.

- 2 QUELÍCEROS, CON LOS QUE INYECTAN VENENO.

TEJEN SEDA, PERO NO SON GRANDES ARQUITECTAS. SU TELA ES IRREGULAR, POCO TENSA Y NO ES ADHESIVA, PERO DIFICULTA LA HUIDA DE LAS PRESAS Y LAS ATRAPA.

NO TEMAS, SU VENENO ES MUY DÉBIL PARA LOS HUMANOS.

PARA CRECER TIENEN QUE MUDAR DESPRENDIÉNDOSE DEL EXOESQUELETO, QUE SE LES QUEDA PEQUEÑO, Y FORMANDO UNO NUEVO.

MATAN A SUS PRESAS CLAVÁNDOLES UNOS APÉNDICES AFILADOS, LOS QUELÍCEROS, CON LOS QUE LES INYECTAN UN VENENO QUE DISUELVE SU INTERIOR. ASÍ PUEDEN COMER (MÁS BIEN, BEBERSE) EL BOTÍN, YA QUE NO TIENEN CON QUÉ MASTICAR.

SE ALIMENTAN DE INSECTOS Y OTRAS ARAÑAS, ALGUNAS PELIGROSAS PARA EL SER HUMANO, ASÍ QUE ESTAS ARAÑAS SON NUESTRAS ALIADAS.

A MENUDO ESTAS ARAÑAS SE PUEDEN CONFUNDIR CON LOS OPILIONES, CUYAS PATAS SON TAMBIÉN MUY LARGAS, PERO QUE TIENEN LA CABEZA Y EL ABDOMEN FUSIONADOS. ADEMÁS, NO TEJEN TELAS Y NO TIENEN VENENO.

TU AMIGA ES UN POCO RARA, NO TIENE CINTURA.

NO LA CONOZCO DE NADA.

¡HOLA!

Un sonido insoportable

DICE UN SABIO PROVERBIO AFRICANO: «SI PIENSAS QUE ERES DEMASIADO INSIGNIFICANTE PARA HACER GRANDES COSAS, INTENTA DORMIR CON UN MOSQUITO EN UNA HABITACIÓN».

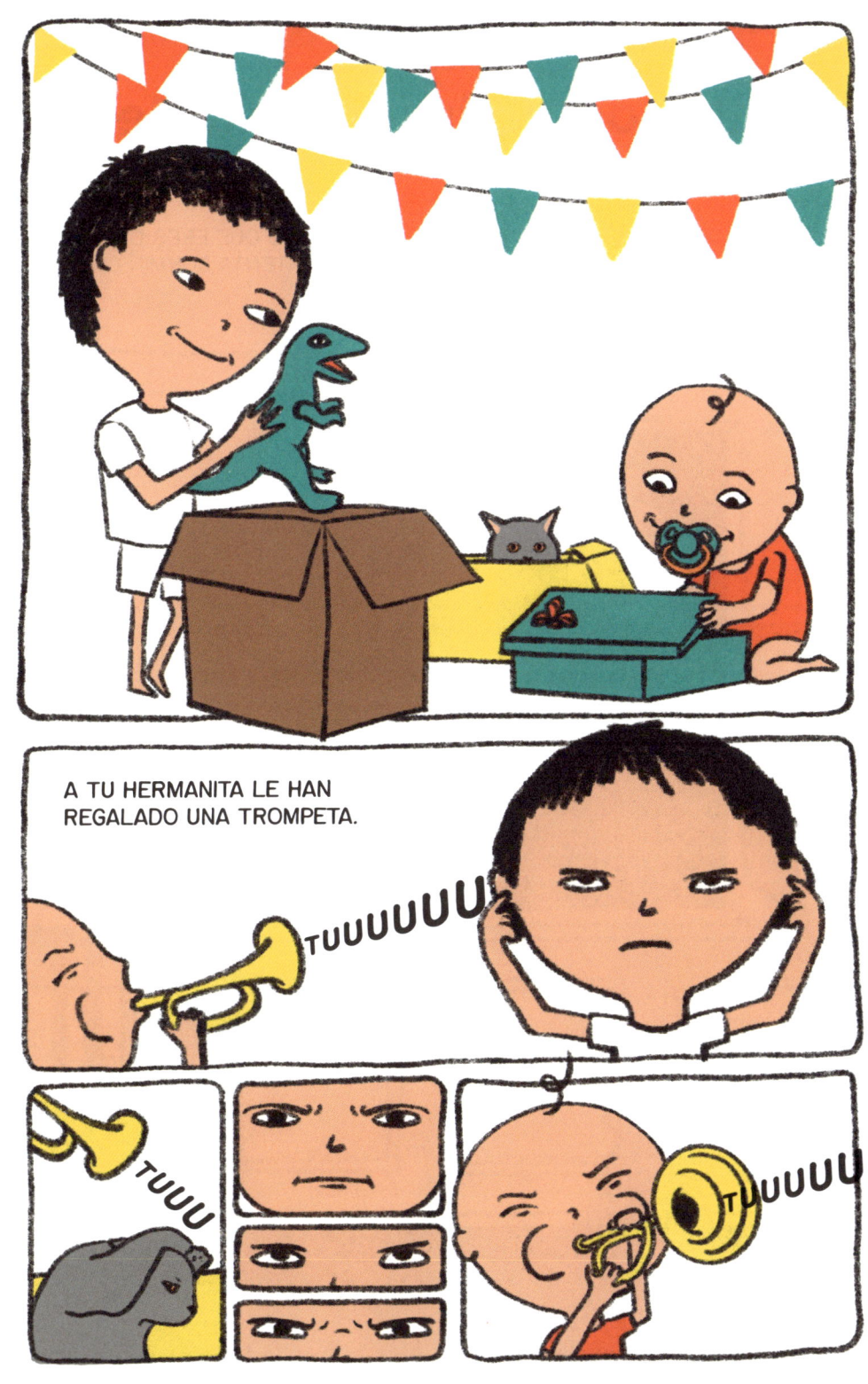

EL MOSQUITO PRODUCE UN ZUMBIDO PARECIDO AL SONIDO DE UNA TROMPETILLA AL VOLAR. SI LO HAS OÍDO, ¡MALA SUERTE! LO MÁS PROBABLE ES QUE YA TE HAYA PICADO.

SOLO LAS HEMBRAS PICAN. NECESITAN LAS PROTEÍNAS DE LA SANGRE PARA INICIAR LA PRODUCCIÓN DE HUEVOS.

INTRODUCE SU TROMPA O PROBÓSCIDE EN LA PIEL DE LA VÍCTIMA Y SUCCIONA SU SANGRE.

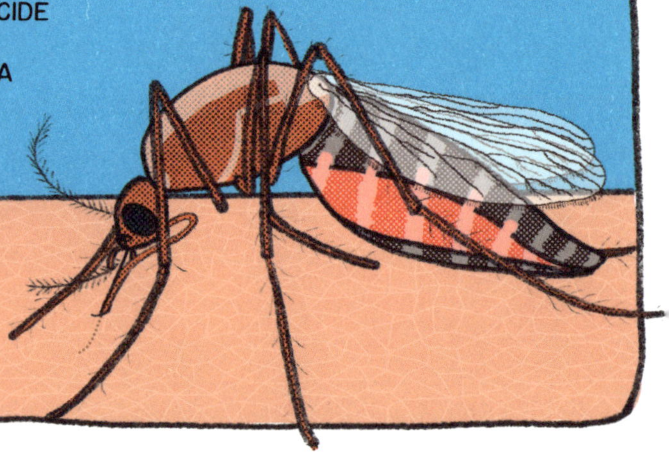

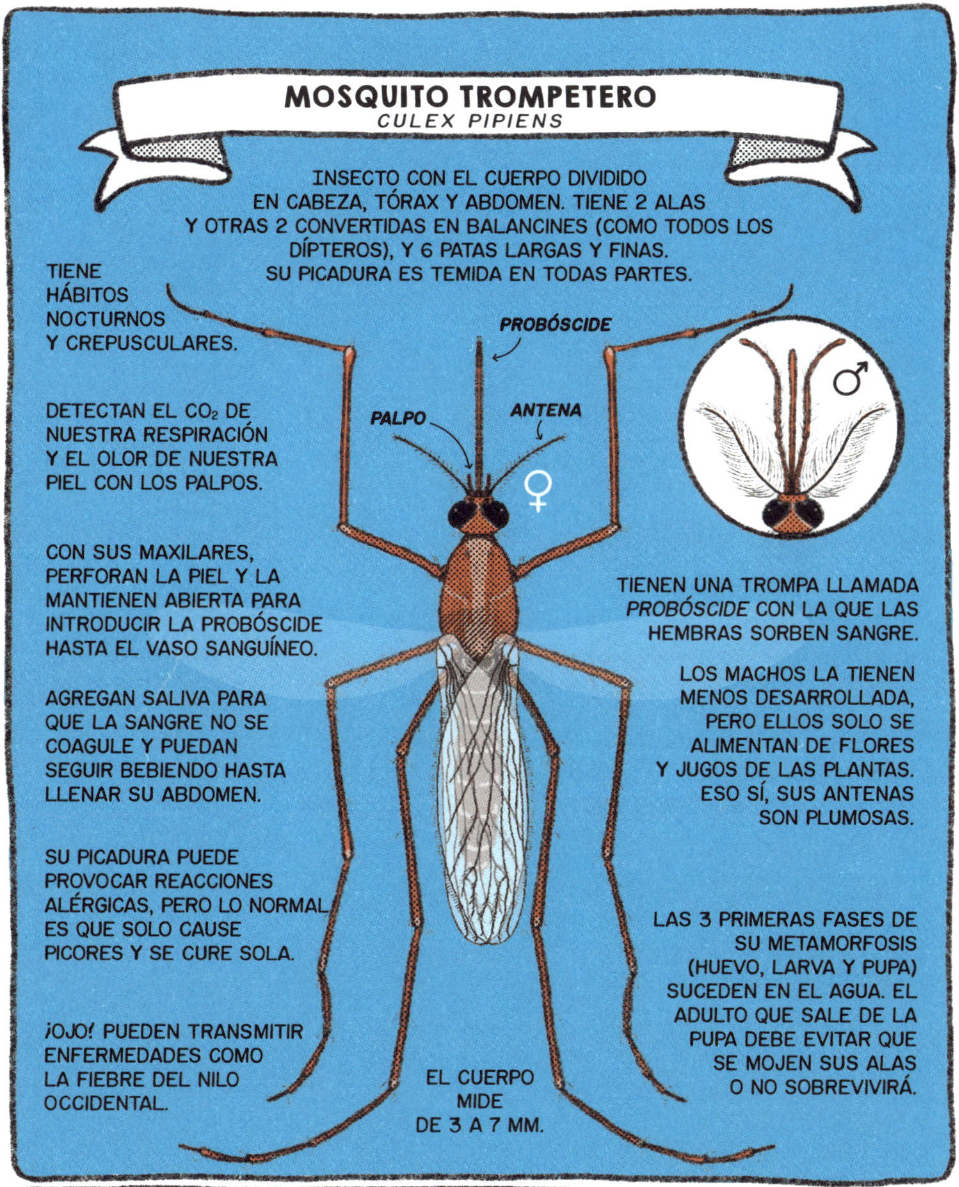

MOSQUITO TROMPETERO
CULEX PIPIENS

INSECTO CON EL CUERPO DIVIDIDO
EN CABEZA, TÓRAX Y ABDOMEN. TIENE 2 ALAS
Y OTRAS 2 CONVERTIDAS EN BALANCINES (COMO TODOS LOS
DÍPTEROS), Y 6 PATAS LARGAS Y FINAS.
SU PICADURA ES TEMIDA EN TODAS PARTES.

TIENE
HÁBITOS
NOCTURNOS
Y CREPUSCULARES.

PROBÓSCIDE

DETECTAN EL CO_2 DE
NUESTRA RESPIRACIÓN
Y EL OLOR DE NUESTRA
PIEL CON LOS PALPOS.

PALPO **ANTENA**

♀

♂

CON SUS MAXILARES,
PERFORAN LA PIEL Y LA
MANTIENEN ABIERTA PARA
INTRODUCIR LA PROBÓSCIDE
HASTA EL VASO SANGUÍNEO.

TIENEN UNA TROMPA LLAMADA
PROBÓSCIDE CON LA QUE LAS
HEMBRAS SORBEN SANGRE.

AGREGAN SALIVA PARA
QUE LA SANGRE NO SE
COAGULE Y PUEDAN
SEGUIR BEBIENDO HASTA
LLENAR SU ABDOMEN.

LOS MACHOS LA TIENEN
MENOS DESARROLLADA,
PERO ELLOS SOLO SE
ALIMENTAN DE FLORES
Y JUGOS DE LAS PLANTAS.
ESO SÍ, SUS ANTENAS
SON PLUMOSAS.

SU PICADURA PUEDE
PROVOCAR REACCIONES
ALÉRGICAS, PERO LO NORMAL
ES QUE SOLO CAUSE
PICORES Y SE CURE SOLA.

LAS 3 PRIMERAS FASES DE
SU METAMORFOSIS
(HUEVO, LARVA Y PUPA)
SUCEDEN EN EL AGUA. EL
ADULTO QUE SALE DE LA
PUPA DEBE EVITAR QUE
SE MOJEN SUS ALAS
O NO SOBREVIVIRÁ.

¡OJO! PUEDEN TRANSMITIR
ENFERMEDADES COMO
LA FIEBRE DEL NILO
OCCIDENTAL.

EL CUERPO
MIDE
DE 3 A 7 MM.

MMMM...
HUELE A PIES

ESO PENSABA YO.
NO TE EMOCIONES.

A LOS MOSQUITOS LES ATRAE
EL OLOR A PIES Y EL SUDOR.

OTROS BICHOS
Un hogar para todos

ADEMÁS DE ESTOS BICHOS, PUEDES ENCONTRARTE MUCHOS MÁS. UNOS ENTRAN POR LAS VENTANAS, OTROS LLEGAN DE POLIZONES CON LA COMPRA O EN TU MASCOTA... ESTOS SON ALGUNOS DE ELLOS:

SALAMANQUESA COMÚN
TARENTOLA MAURITANICA

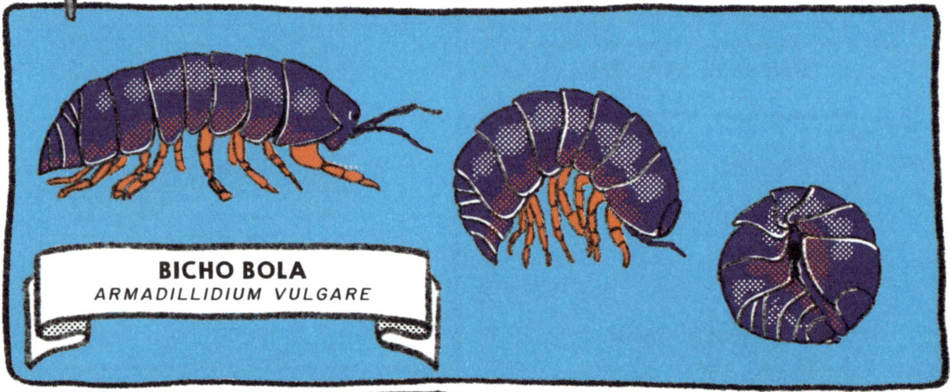

BICHO BOLA
ARMADILLIDIUM VULGARE

SALTAMONTES VERDE
TETTIGONIA VIRIDISSIMA

PULGA DEL PERRO
CTENOCEPHALIDES CANIS

RATÓN COMÚN
MUS MUSCULUS

MARIQUITA
COCCINELLA SEPTEMPUNCTATA

ABEJA MELÍFERA
APIS MELLIFERA

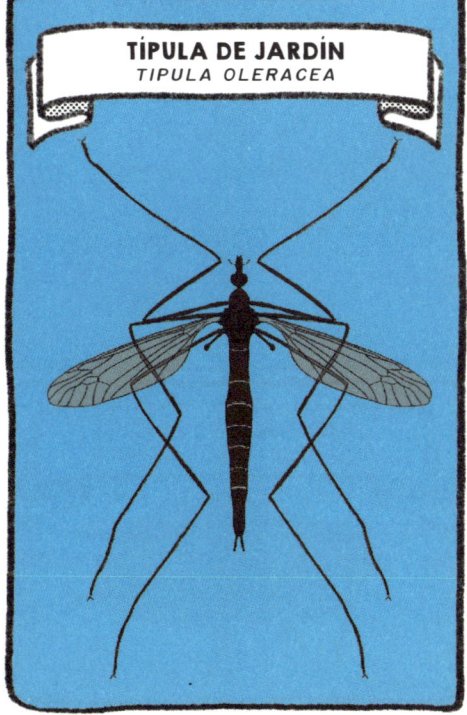

TÍPULA DE JARDÍN
TIPULA OLERACEA

MOSCA DE LA HUMEDAD
CLOGMIA ALBIPUNCTATA

GUSANO DE LA MANZANA
CYDIA POMONELLA

CARCOMA DE LA MADERA
ANOBIUM PUNCTATUM

PIOJO DE LA CABEZA
PEDICULUS HUMANUS CAPITIS

ARAÑA VIOLINISTA
LOXOSCELES RECLUSA

HORMIGA
FORMICIDAE

CARACOL COMÚN
CORNU ASPERSUM

MARIPOSA DE LA COL
PIERIS BRASSICAE

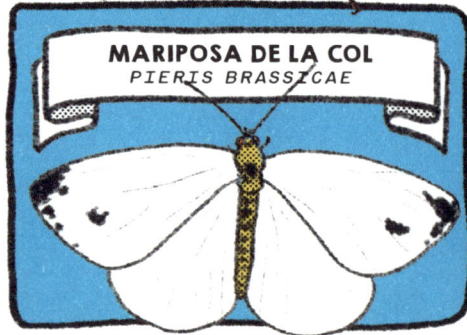

¿CUÁNTOS BICHOS HAS IDENTIFICADO EN TU CASA?

~~Mi hermanita~~

Óscar Soriano Hernando

Es doctor en Ciencias Biológicas y científico titular del CSIC. Comenzó como conservador de las colecciones científicas y vicedirector de colecciones y documentación. Ha realizado proyectos en España, Centroamérica, Sudamérica y África.

En la actualidad, es el investigador principal del estudio y control de las poblaciones de mosca negra en la Comunidad de Madrid, financiado por la Consejería de Sanidad.

Además, es docente en cursos del Plan de Formación del Ayuntamiento de Madrid, en Madridsalud y en el curso sobre artrópodos de interés sanitario de la Universidad Complutense de Madrid.

Su especialidad son los mosquitos.

Conoce más a Óscar Soriano Hernando

Colección Mentes curiosas - Curiosas mentes

DIRECCIÓN
Pura Fernández

SECRETARÍA
Carmen Guerrero

COMITÉ EDITORIAL
Paloma Arroyo Waldhaus
Irene Cuesta
Marta Fernández Lara
Emilio García Gómez-Caro
Marta Lorés
Luisa Martínez Lorenzo
Mireia Trius
Mar Valls
Violeta Vicente Olmo

Primera edición: mayo de 2024

© 2024, de los textos y de las ilustraciones: Berta Páramo
© 2024, de la edición:

CSIC, 2024
http://editorial.csic.es
publ@csic.es

Zahorí Books · Sicília, 358 1-A 08025 Barcelona
www.zahoribooks.com

Revisión científica: Óscar Soriano Hernando
Diseño: Berta Páramo
Maquetación: Joana Casals
Corrección: Miguel Vándor

ISBN: 978-84-19889-24-9 (Zahorí Books)
ISBN: 978-84-00-11266-0 (CSIC)
e-ISBN: 978-84-00-11267-7 (CSIC)
NIPO: 155-24-063-2
e-NIPO: 155-24-064-8
DL: B 5683-2024

Impreso en Barcelona

Este producto está elaborado con materiales de bosques con
certificado FSC® y bien gestionados, y con materiales reciclados.

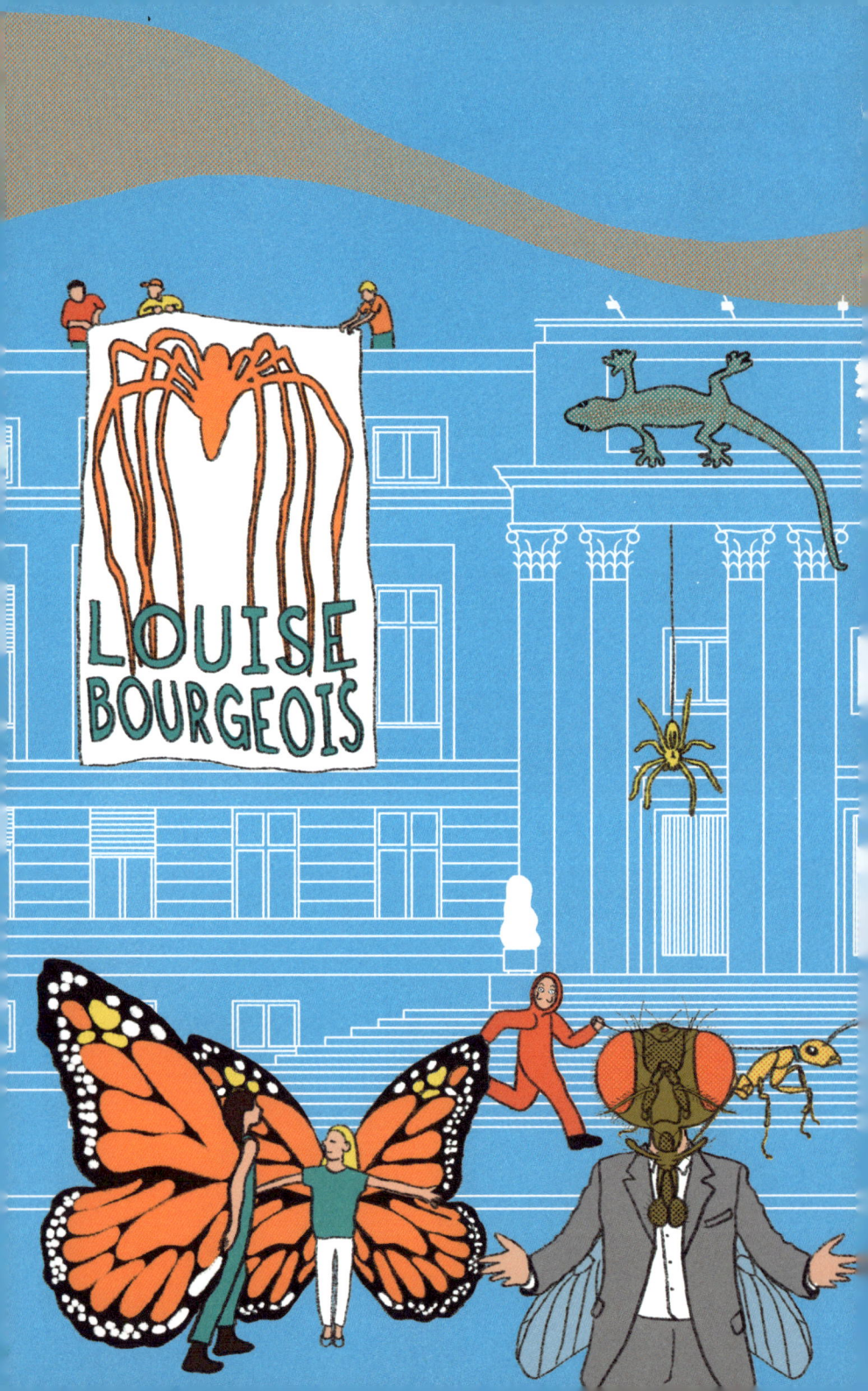